第一章　透视原理在手绘图中的运用

很多同学在为烦琐的透视几何画法而烦恼，其实大可不必因此而感到头疼，建筑学中只要有三种透视就足够了，我们不需要按尺寸来求证出每一个透视图，只要记住原理，有一个大体意思就可以了。

透视的基本术语

为了研究透视的规律和法则，人们拟定了一定的条件和名称，在学习的过程中经常需要使用。

1．基面（GP）——放置物体（观察对象）的平面。基面是透视学中假设的作为基准的水平面，在透视学中基面永远处于水平状态。

2．景物（W）——描绘的对象。

3．视点（EP）——画者观察物象时眼睛所在的位置叫视点。它是透视投影的中心，所以又叫投影中心。

4．站点（SP）——从视点做垂直于基面的交点。即视点在基面上的投影叫立点，通俗地讲，立点就是画者站立在基面上的位置。

5．视高（EL）——视点到基点的垂直距离叫视高，也就是视点至立点的距离。

6．画面（PP）——人与景物间的假设面。透视学中为了把一切立体的形象都容纳在一个画面上，在人眼注视的方向假设有一块大无边际的玻璃，这个假想的透明平面叫作画面，或理论画面。

7．基线（GL）——画面与基面的交线叫基线。

8．视平线（HL）——指与视点同高并通过视心点的假想水平线。

9．消灭点（VP）——与视平线平行的线在无穷远处交集的点，亦可称为消失点。

10．视心（CV）——由视点正垂直于画面的点叫视心。

一、一点透视

顾名思义，一点透视就是整个图面中只有一个灭点，除了平行线以外，其余的线都和灭点相连。

正是因为其平行线的特点，所以一点透视又被称作平行透视。一点透视在手绘效果图中运用比较广泛，主要原因是因为其视线较宽，纵深感强，并且可以表现出更多的建筑立面设计，不过因为除了与灭点相交的线以外，其余所有的线都是处于平行关系，所以使得整个画面效果看起来比较呆板，形式不够灵活，视觉冲击力不是很强。

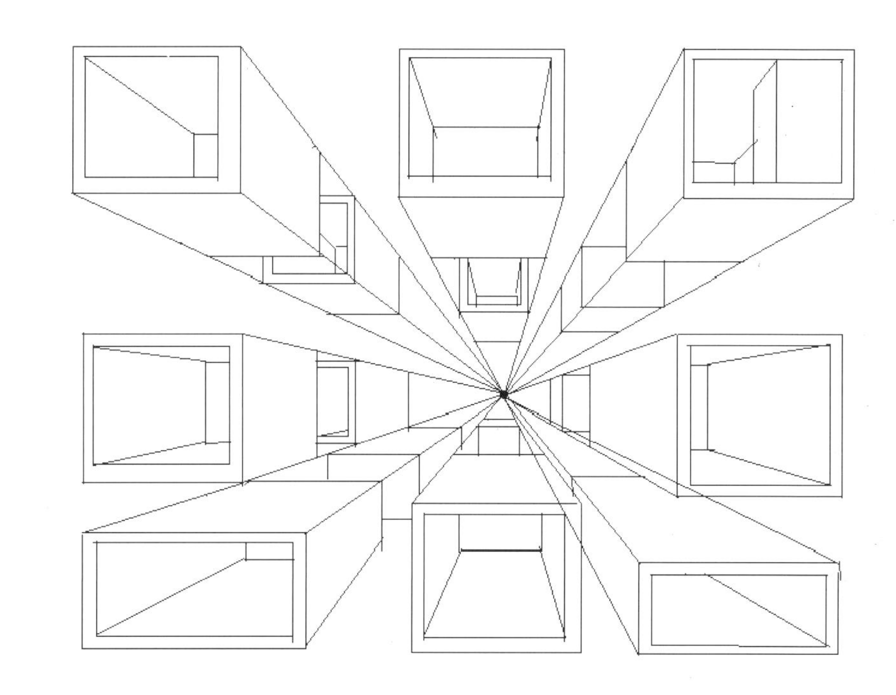

二、两点透视

在视平线上有两个灭点，最终在画面上我们可以看到建筑的一角。这种构图冲击力强，表现建筑的气质也十分到位，但是，尽管这种构图会使画面气氛变得十分活跃，却无法看清大部分建筑结构与特征的缺点也是需要我们注意的。

两点透视中会有某些竖向线条垂直画面。其他线条分别消失于画面两端的两个灭点。两点透视中画面真实感是比较真实的，尤其可以表现建筑气质，而在效果图中也是十分常用，因为一点透视经常表现的是该建筑的正立面，可是正立面的设计我们会以立面图的形式表现出来，这样会造成画面的重复。两点透视画面冲击力强，在光影调子的强调下，两点透视会变得效果更加强烈，所以深受广大设计师的喜爱。

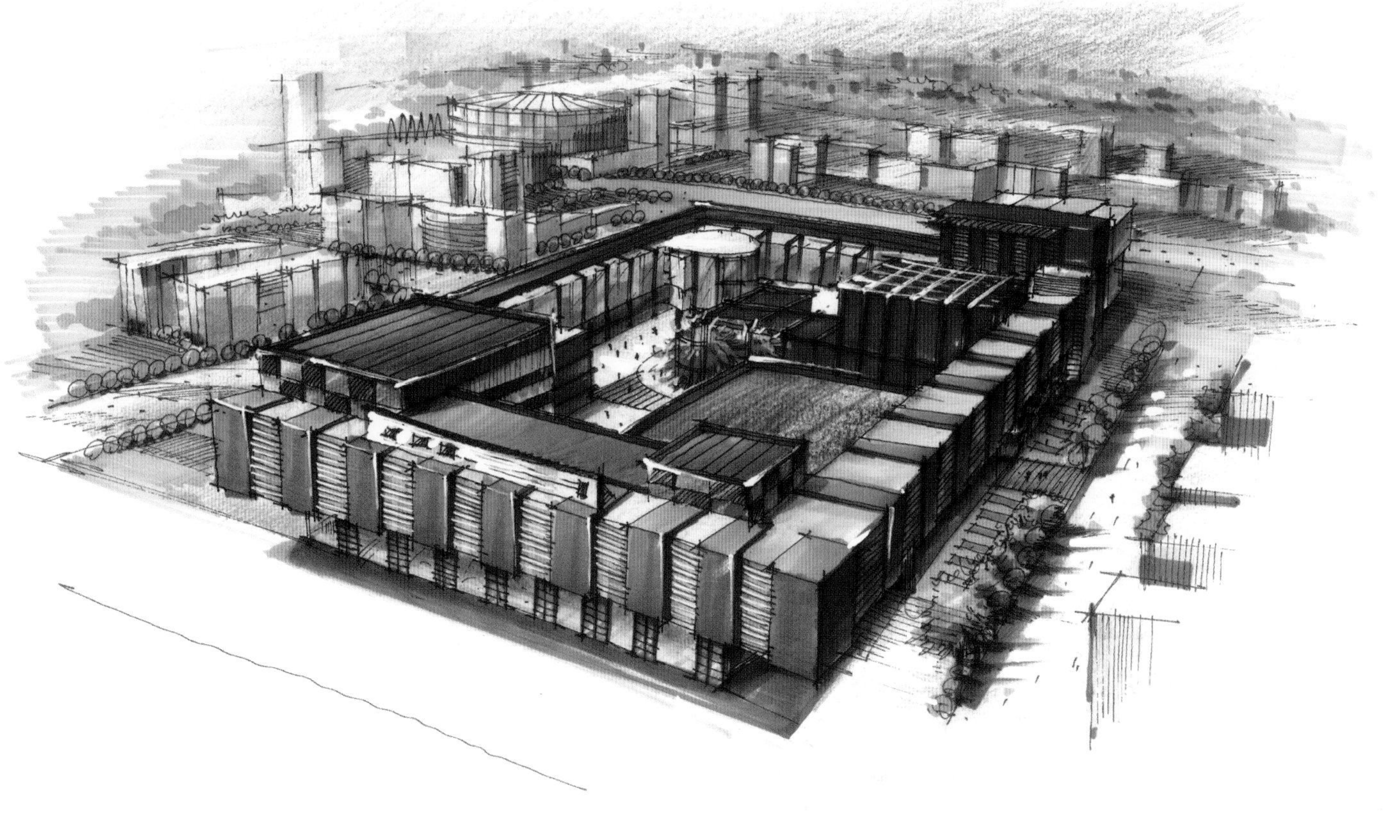

作者：贾晓静

三、三点透视

就是在画面中有三个灭点，这种透视一般会理解为鸟瞰，在画高层建筑时较为常见，也是表现建筑最为方便全面的一种透视画法。

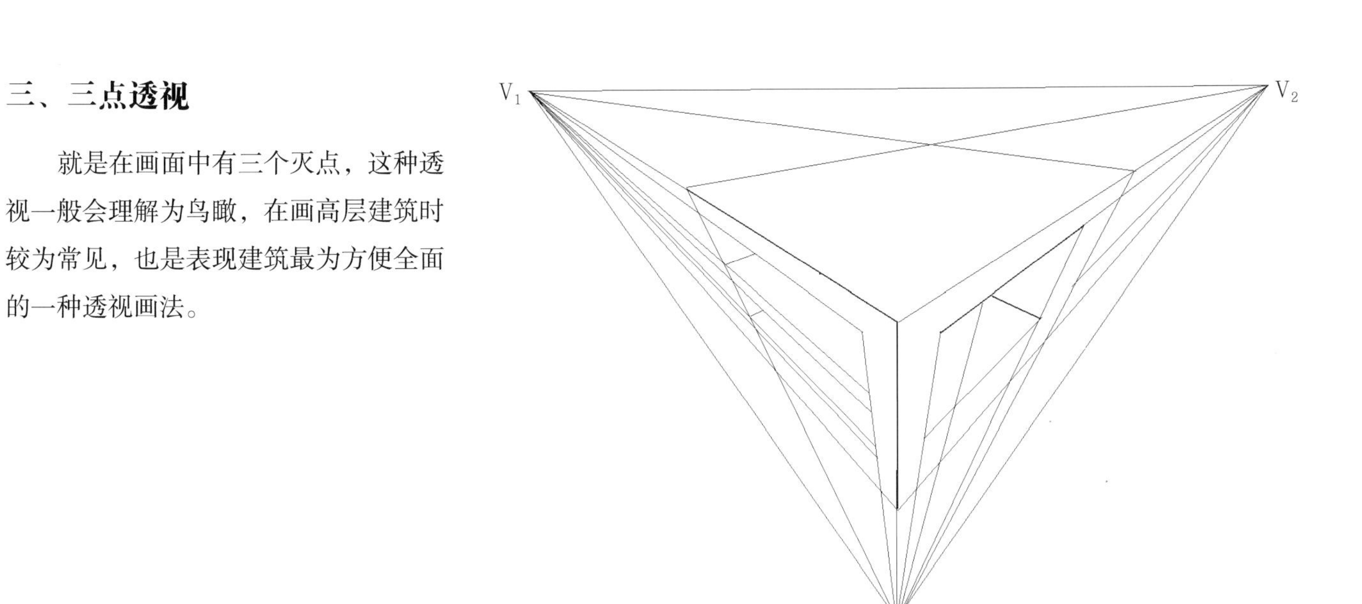

第二章　构图的基本原则

构图在手绘效果图中的位置是显而易见的，很多同学在学习手绘效果图的初级阶段只重视透视原理或者是线条运用，对构图的重要性则比较忽略，而事实上手绘效果图的成败很大的原因是因为构图的好与坏。

一、构图的基本原则

构图是指画面中物体的摆放位置与视觉中心也就是我们说的视点的选择。从基本原理看主要分为对称和均衡还有试点和对比。把握好这两个原则一般画面就会显得十分稳定。

无论是建筑手绘效果图还是景观设计手绘图，我们最先确定的是是否熟悉该项目的施工图与平面图布局。比如说建筑图中，我们首先要知道该建筑场地设计的布局，明确建筑的位置，找出建筑的中心位置或者说是特色构件。那么该构件就可以将灭点放在这个位置上，当所有的视线都在这个位置消失的时候，人们的视线自然会顺着灭点找到视觉中心点。

二、恰当处理画面中的均衡关系

构图时要进行缜密的思考，对绘制后的画面进行预测，找好比例关系和位置排列关系，当然我们可以运用以下手法进行布局。

1. 对称和均衡

首先明确对称与均衡都不是人们所说的平均处理。平均是指画面没有节奏上的变化，数量或位置重复对称排列，而对称和均衡则是经过逻辑分析有意识地利用形状对比、色彩对比、灰与灰的对比来进行平衡画面关系的一种处理手法。

2. 对称和均衡原则

庄重的建筑比如古典主义建筑中经常会看到对称的处理手法，西方园林的设计中也会出现对称和均衡，不过大部分的手法比较单一，通常是左边什么物体右边也会放置类似的构件，而中国古典的建筑设计和园林则是通过对比来体现画面构图的巧妙。换句话说，西方设计更像是一台天平，而设计元素则是砝码与物体之间的关系。物体与砝码之间永远是呈平衡的关系。而中国古典园林的设计则更像是一杆秤，无论体积多大的物体，最后都会用一颗实心秤砣使之平衡。正所谓秤砣虽小压千斤，所以我们在构图的时候可大面积有意识地取舍，而为视觉中心创造便利条件。

3. 明度协调原则

在手绘图纸中除了丰富的色彩之外，我们还要有鲜明的素描关系，也就是我们常说的黑、白、灰之间的关系，画面中总会有某一物体是最暗的，会有某一部位和构建是最亮的，那么这些物体怎么调整亮度之间的衔接是我们要细细品味与琢磨的。黑、白、灰关系处理得好与坏直接关系到画面的层次感与画面节奏。

4. 关于画面主体位置的几种弊端

（1）通常我们画的设计图都是以建筑为主体或者是以某一外景观构件为主体，这种情况下，一定要避免地面占图面比例过大，因为这样会使天空面积变得非常小从而使画面气氛变得十分的闷。天空与地面的比例关系一般是三七分或者四六分。

（2）画面视觉中心点不要放在整个画面中心，但是也不要放在靠左或者靠右的位置上，因为这样会出现画面失衡的现象，因而出现画面的不稳定感。

（3）画面主体与配景过满或者过少：人们的性格是一种非常有意思的事，如果细心，大家会发现字如其人或者画如其人是有道理的，性格比较张扬或者不细心的人，画面构图往往会过大，画纸有多大，构图的画面就有多大。而性格谨小慎微的人往往构图比较小，无论多大的纸，画面主体的面积基本是一成不变的。这就是人们心理的潜意识往往能够通过人类的某种行为表现出来的原因，是一种心理暗示行为。所以在日后的练习中，我们要多多关注画面构图的规律与技巧。只有这样才会使我们的构图显得老练沉稳。

比较合适的构图

画面构图偏右，左侧空白太多

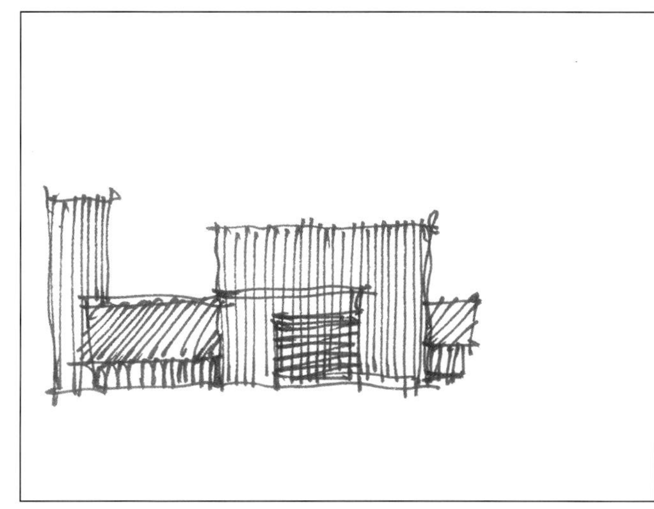

构图偏左，右侧空白太多，画面失去了稳定感

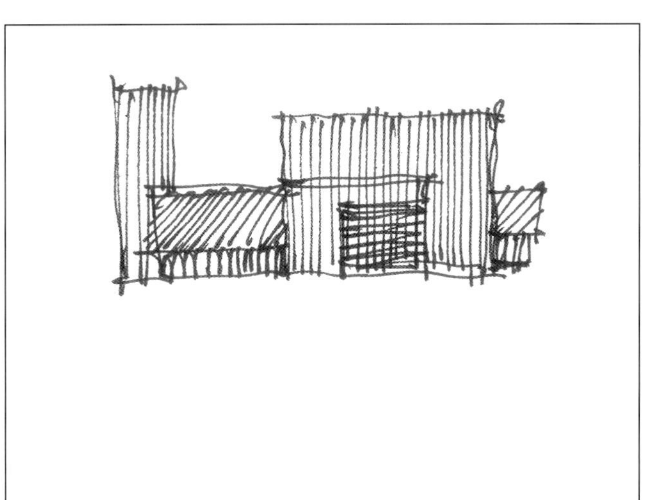

画面构图偏上

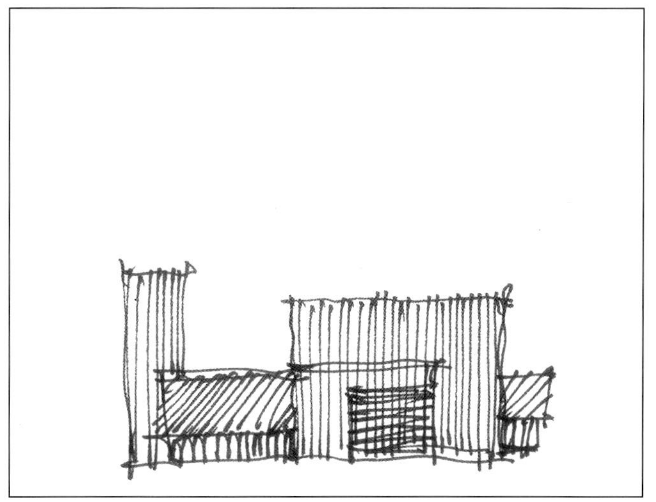

画面构图偏下

第三章　明暗关系

建筑手绘中的素描关系和绘画中的关系很相似，生活中的建筑在光线的照耀下会体现出丰富多彩的建筑体块与空间关系，我们可以假想一下在自然光线的照耀下，建筑的形体分为三个面。它们分别是明、暗与灰。受光处为亮部，背光处就是暗部。中间色调是我们所说的过渡部分，也就是我们常说的灰色。

正确掌握建筑的素描关系对于学习建筑设计的学生来说是十分必要的。经过理性的光线分析后，使得我们对建筑内部的空间关系与外部的造型形态更加地清晰化。

上面我们提到，一个建筑体在光线的投射下，呈现在我们面前的至少有三个面，这三个面使得我们看到的建筑体呈现出立体效果，实际上我们看到的这一建筑体不一定只有三个面。

我们知道明暗素描关系的出现是因为该建筑体受到光线的照射才产生的，无论该光线是自然光线还是人造光源，都会产生建筑的素描关系。光线的照射是不可能改变建筑的结构的，要想将其明暗关系把握正确，首先应该对其形体关系进行正确的理解，充分找出形体的结构关系，确定出最暗的部分与最亮的部分，再分析其过渡色调关系。既然是过渡面，就要有渐变，这种渐变是很微妙的，即使在同一个面上，由于光线的照射距离不一样，所反射出的明度变化也会有变化。距离光源越远明度越灰。

一个简单的物体明暗关系是十分复杂的，初学者大多不会在意这种微妙的素描关系，久而久之造成了画面效果呆板。

明暗层次分别由受光部、暗部、明暗交界线、高光以及反光五个部分组成。

受光，顾名思义，这个部分距离光源最近，明度最高，所以在画面的明度上更接近于白色，但是无论有多亮都不会亮过高光。黑与白之间或者说明与暗之间是对比而言的，有明就会有暗。

灰色则是最难把握的过渡面，实际上它产生于明暗交界线。很多人认为明暗交界线是一条线，实际上我们应该把它理解为一个渐变的面。

高光产生的原因是光源与物体之间的角度垂直造成的强烈反射的效果。它包含在亮部当中，在物体之中，不同的材质质感会造成不同的高光，我们不用特意考虑高光是否有形状。

明暗交界线的位置很明确地介于明处与暗处之间，属于亮部与暗部的过渡面，往往这个地方的明度比较低，也有可能是整个物体最暗的部分，因为这样的效果往往可以衬托出暗部的透明度，暗部再暗、明度再低也是透明的，也是可以看到其中的物体结构。

作者：张玮

反光对物体的空间、环境、质感都有很大的作用。反光画不好暗面就不透明，这样暗部的结构转折关系也就表现不出来，影响物体暗部的体积与空间。物体的暗部因受到环境及周围受光物体的影响，就产生了反光。一般情况下，反光的亮度是不会超过受光部的。

中间色即灰色，这是物体受到光线侧射的地方，同时也受环境色的侧反射影响，加上物体的结构（特别是人物的造型结构）的复杂变化，中间色的层次变化显得微妙、复杂和丰富。这些灰色在物体上有两个，一个在亮面与明暗交界线之间，另一个在暗部。中间色是比较难画的，如果处理不当，画不出它的微妙变化，画面最容易出现灰与脏的弊病。

投影应包括在暗部里面，它与明暗交界线有密切的关系。投影是从明暗交界线开始的；在光线的照射下，物体的影子投射到另外物体的面上就产生了投影。投影对表现对象暗部结构是很起作用的，与空间也有很大的关系。我们画投影要注意它的透视变化和明暗变化，投影越接近本物体，它的颜色就越重，边缘轮廓就越清楚；距离本物体越远则颜色越浅，边缘轮廓越模糊。把握住这个规律就能准确地表现出空间关系。投影与物体本身的形体及被投射之物体的形体有很大的关系，当投影落在凹凸起伏的物体上，投影也就随着凹凸起伏的形状而变化。投影并非一片黑色，画成一片黑色就使人感到“死”，就不透明，没有空气感，从而就影响了画面的空间感。我们画日光或灯光作业不能只是受光面画得好，暗面、投影也应处理得很出色，很透明，这样画面才能表现出强烈的光感来。

右上角的附图标明了物体三大面及五大明暗层次的分布。

物体边线实际上是物体转折的透视面。处理好物体边线与背景的关系很重要，其好坏直接影响到画面的空间深度。所以我们必须慎重而认真地去对待。边线的转折要画得丰富，要交代形体的透视转折关系，这个转折的透视面在素描中是明暗的虚实变化。边线处理可用“线”来概括，处理好物体边线与背景明暗变化的关系，这对将来创作是很重要的。

受光部
明暗交界线
高光
暗部
反光

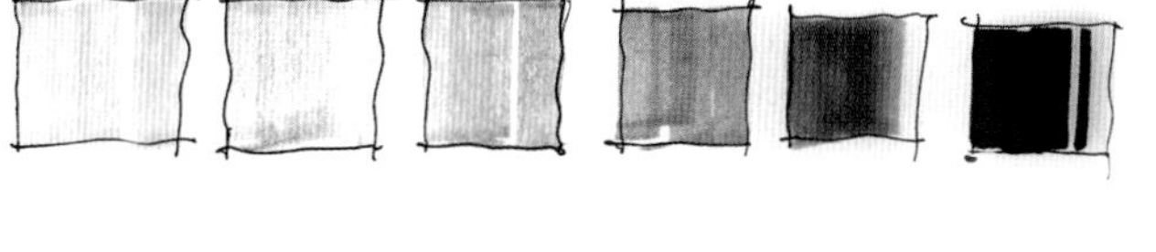

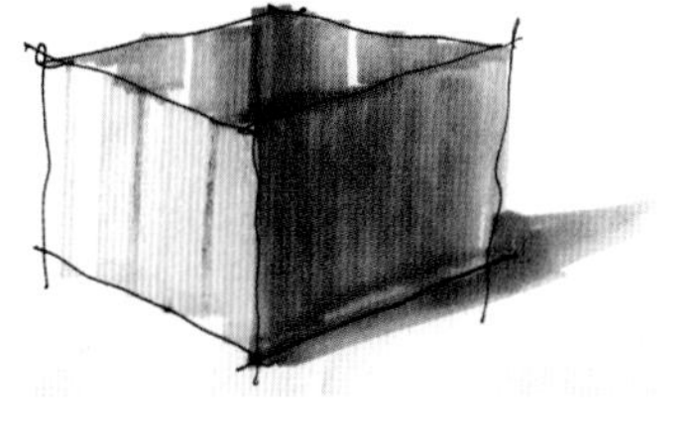

铅笔、炭笔草图虽然是单色画，但我们应利用这单色画出不同物体的不同固有色的感觉来，不能仅仅停留在表现对象的明暗上，只要能准确地画出对象的丰富层次和色调变化，就能表现出物象的颜色感觉。

铅笔、炭笔草图中的调子。由于对象所处的空间、地点、时间与光线的不同，画面就有不同的明暗层次变化。调子并非在作画的最后阶段统一而成，而是在一开始就应去考虑、处理好明暗层次的关系，既要注意画面空间的虚实变化和物体“横”的转折，又要有从上而下“竖”的亮度变化节奏。

第四章　建筑设计手绘步骤图

一、马克笔、彩色铅笔手绘效果图的体块表现和笔触运用

同一支彩色铅笔通过笔的压强不同可以画出不同的明暗效果，明暗交界线的彩色铅笔运笔要重，笔触紧密，随着笔的压力越来越小，自然就会出现渐变效果，切不可在画面同一处反复涂抹，这样会使画面变得很腻、很脏。用笔方向有横排笔、斜45° 排笔、交叉菱形网格、交叉十字网格等用法。我们常用来处理天空的渐变。

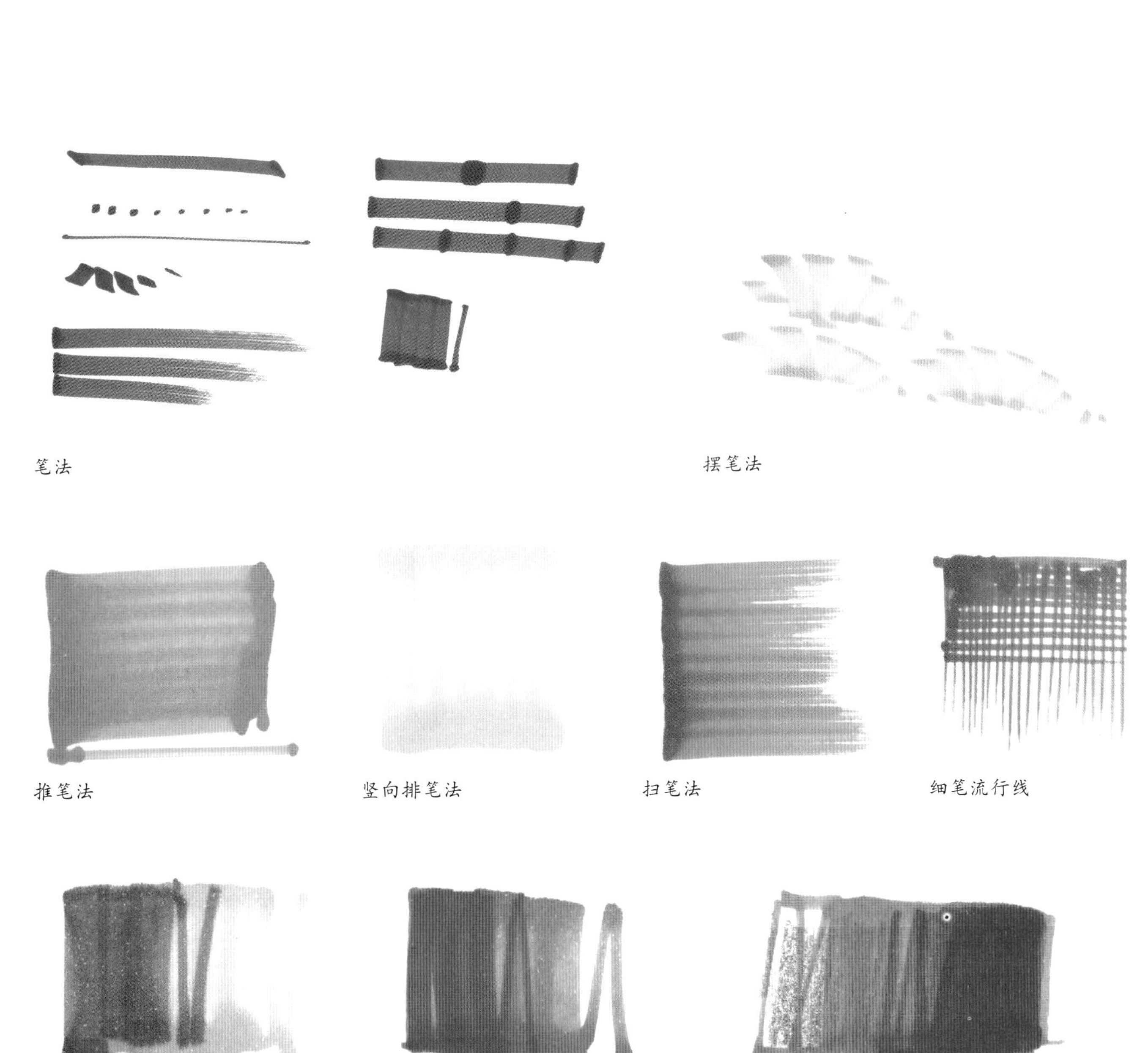

笔法　　摆笔法

推笔法　　竖向排笔法　　扫笔法　　细笔流行线

纵向N字形用笔　　水性马克笔与酒精马克笔的融合　　彩色铅笔与马克笔的混合笔法

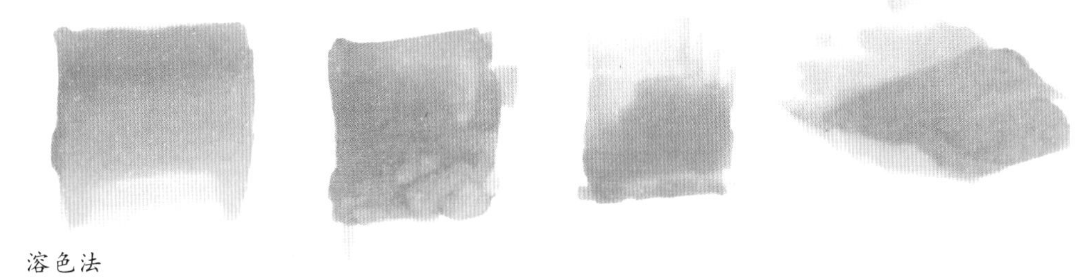

溶色法

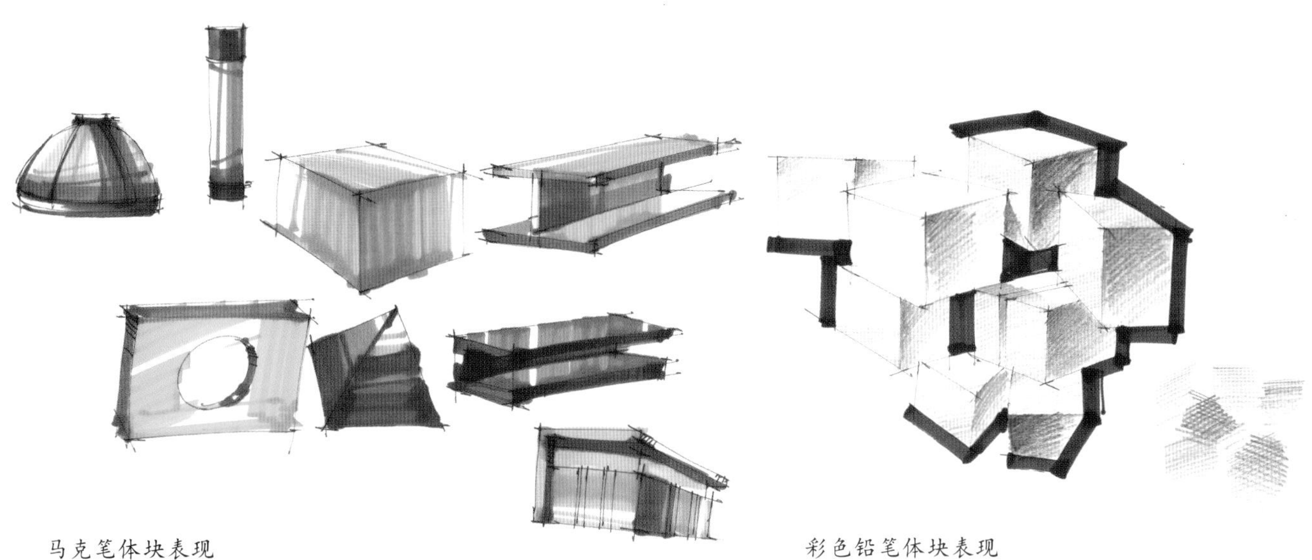

马克笔体块表现　　彩色铅笔体块表现

二、别墅的手绘步骤

为了方便以后反复上色练习，我们可以将线稿复印几份，使用80克或者100克复印纸上色的效果会更好。

步骤一：选定建筑主体涂料颜色。在这里，我们选择黄色涂料为主，配以红色屋瓦的色调。找出一支棕黄色彩色铅笔，从建筑的明暗交界线开始画起，方向从上向下，上重下轻，这样可以达到色阶过渡的效果，并且注意不要把彩铅涂得太腻或者没有层次感。

步骤二：用颜色相近的马克笔，我们选择WG2和WG4将建筑的暗部画完。注意暗部要画得透明，无论什么样的建筑，越暗的地方越要透明（透明：就是指能看清楚暗部的结构）。

这个步骤争取一遍画完，不要拖泥带水，否则，画面会变脏。

步骤三：绘制背景颜色。建筑手绘的主体虽然是建筑，但是配景植物起着陪衬的作用，建筑要融于环境当中，所以对配景植物的刻画更要细心。找出绿色彩铅，颜色一定要淡雅，将背景植物由下到上画一遍（这样做是为了使建筑在视觉上能够落在地面上，而不是悬浮在空中，给人真实的感觉）。同时要注意建筑物左右的植物冷暖色调是不同的，向光一侧的植物色调偏暖，可以加入浅黄色的彩铅搭配描绘，而背光侧的植物色调偏冷，可以加入淡蓝色彩铅搭配描绘。

步骤四：调整，找出不同的植物颜色，用略深的马克笔将植物的暗部和远处的植物画一下，注意越远的植物颜色越偏蓝。调整整幅图光影的变化，其中包括地面上的光影冷暖。

步骤五：修饰一下天空，天空可以绘制在建筑一角的上方。可以在蓝色的天空加一点儿青紫色，这样的天空看起来更加的剔透。同时区分一下建筑两侧植物的冷暖，使整个画面统一在和谐的环境当中。最后我们可以用修正液将高光处点亮，注意修正液不要涂得太多而影响画面质量，这样效果图就完成了。

三、马克笔的上色步骤

步骤一：建筑物外立面定为金属材质，其他建筑墙体暂定为黄色大理石。建筑物的外立面一定要统一，颜色不要过多，元素不要过碎。

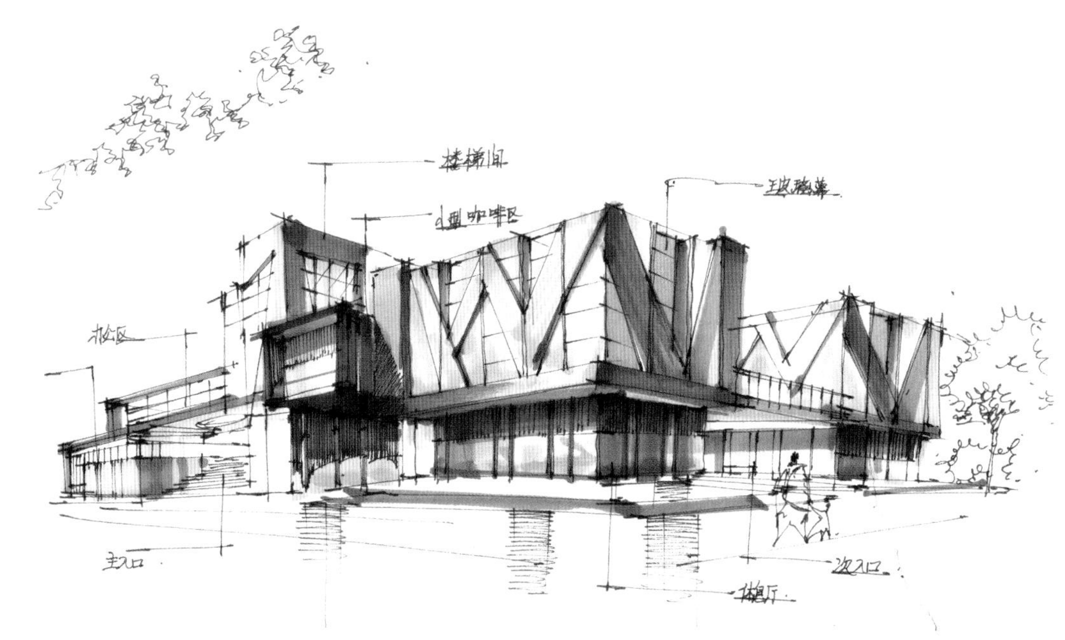

步骤二：大面积铺设蓝色玻璃材质。一层建筑虽然也是玻璃，但其明度要降低一个等级，这样做的目的是让建筑看起来是稳稳地落在地面上，而不是悬浮在空中。

步骤三：完善画面细节，刻画玻璃幕材质的绿色植物倒影，对地面进行大笔触刻画，加强地面与天空的联系。

步骤四：完善配景植物与人物的交代。将天空布置在楼梯间的上方，笔触大胆明确，为了使玻璃看起来剔透，我们使用修正液高光提亮，这样整个效果图就绘制完成了。

四、中小型公共建筑的手绘步骤

公共建筑包含办公建筑和商业建筑，还有旅游建筑、科教文卫建筑等。在高校的建筑课程中，很多同学会在二年级和三年级接触，例如博物馆、纪念馆、活动中心、科技馆的设计课题。

在绘制过程中，不要像绘制别墅那样将重点放在材质表现上，应该尽量用概括的笔触将体块分割出来，将材质进行初步区分就可以了。

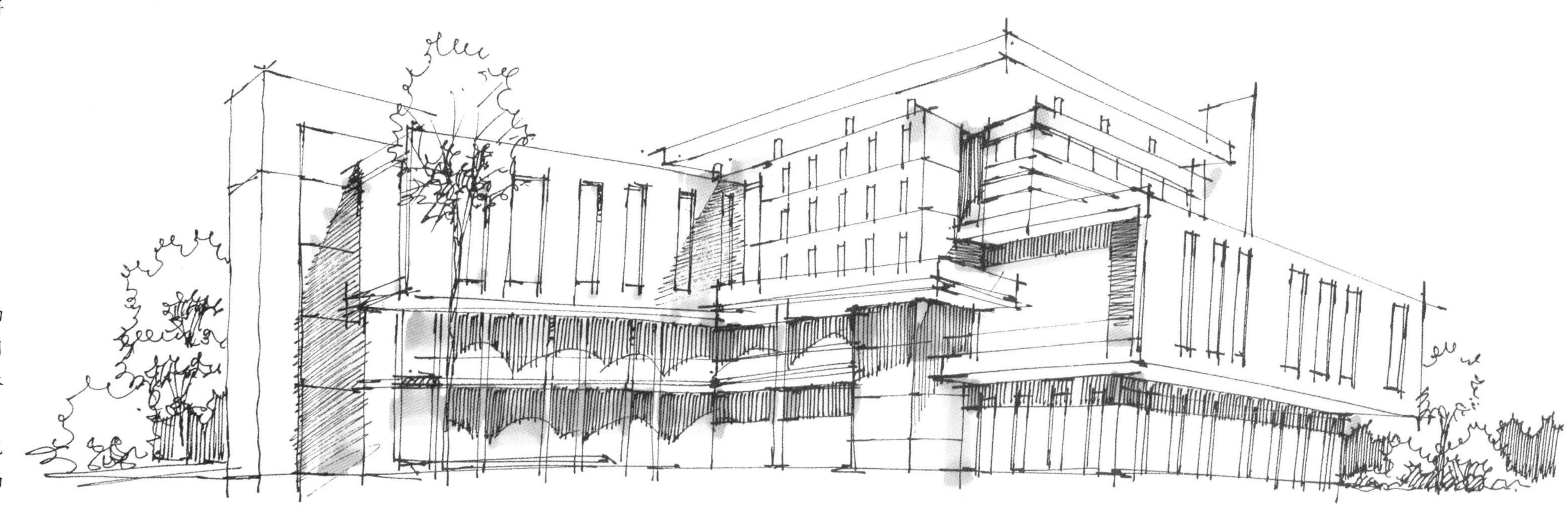

步骤一：绘制建筑线稿。线稿的图面上不要有太多的阴影，要将注意力放在结构和形态上。同时将背景植物用排线的笔法加深，这样就可以使建筑的整体黑、白、灰体块变得清晰明显。

用WG2或者是CG2的马克笔绘制建筑的阴影，要注意笔触在建筑结构上的转折。在这个过程中，尤其是屋檐下的阴影要特别注意。

步骤二：我们将在建筑上采用玻璃、混凝土等来完善建筑的材质立面。

绘制时要本着横平竖直的用笔原则，将大部分笔触用在建筑的暗部。亮部可以适当地用扫笔形成渐变。窗户及玻璃幕墙可以在下一个步骤再上颜色。特别要注意的是暗部要做适当的留白，不要一下画满，因为这样会造成暗部的颜色变得沉闷。

步骤三：绘制天空和玻璃。绘制天空时笔触尽量灵活多变。可以多用摆笔、点笔等笔法。当然，天空的位置应画在建筑的一个角上。

步骤四：完善建筑周边环境的绘制。

候车大厅
遮阳板
入口